Viviany Costa
Maria Luisa da Silva
Angélica Rodrigues

Aves silvestres mantidas como animais de estimação na Amazônia

Viviany Costa
Maria Luisa da Silva
Angélica Rodrigues

Aves silvestres mantidas como animais de estimação na Amazônia

Aspectos culturais e etológicos

Novas Edições Acadêmicas

Impressum / Impressão

Bibliografische Information der Deutschen Nationalbibliothek: Die Deutsche Nationalbibliothek verzeichnet diese Publikation in der Deutschen Nationalbibliografie; detaillierte bibliografische Daten sind im Internet über http://dnb.d-nb.de abrufbar.
Alle in diesem Buch genannten Marken und Produktnamen unterliegen warenzeichen-, marken- oder patentrechtlichem Schutz bzw. sind Warenzeichen oder eingetragene Warenzeichen der jeweiligen Inhaber. Die Wiedergabe von Marken, Produktnamen, Gebrauchsnamen, Handelsnamen, Warenbezeichnungen u.s.w. in diesem Werk berechtigt auch ohne besondere Kennzeichnung nicht zu der Annahme, dass solche Namen im Sinne der Warenzeichen- und Markenschutzgesetzgebung als frei zu betrachten wären und daher von jedermann benutzt werden dürften.

Informação biográfica publicada por Deutsche Nationalbibliothek: Nationalbibliothek numera essa publicação em Deutsche Nationalbibliografie; dados biográficos detalhados estão disponíveis na Internet: http://dnb.d-nb.de.
Os outros nomes de marcas e produtos citados neste livro estão sujeitos à marca registrada ou a proteção de patentes e são marcas comerciais registradas dos seus respectivos proprietários. O uso dos nomes de marcas, nome de produto, nomes comuns, nome comerciais, descrições de produtos, etc. Inclusive sem uma marca particular nestas publicações, de forma alguma deve interpretar-se no sentido de que estes nomes possam ser considerados ilimitados em matérias de marcas e legislação de proteção de marcas e, portanto, ser utilizadas por qualquer pessoa.

Coverbild / Imagem da capa: www.ingimage.com

Verlag / Editora:
Novas Edições Acadêmicas
ist ein Imprint der / é uma marca de
OmniScriptum GmbH & Co. KG
Heinrich-Böcking-Str. 6-8, 66121 Saarbrücken, Deutschland / Niemcy
Email / Correio eletrônico: info@nea-edicoes.com

Herstellung: siehe letzte Seite /
Publicado: veja a última página
ISBN: 978-3-639-61851-8

O Passarinho e Sua Esperança

Numa gaiola vive preso por quem deseja ouvi-lo cantar

Como os que vivem livres e voam pra qualquer lugar

E fica olhando o dia passando pra noite chegar

E fica olhando a noite passando até clarear

Seu universo tão pequeno espaço suspenso no ar

Viveu a vida inteira aprendendo a esperar

E canta sua esperança deixa a tristeza pra lá

Quem sabe ainda hoje seja livre pra voar

Voar...

(Da banda fluminense Crombie, do Álbum "Casa Amarela", 2011)

Dedicado aos meus pais Vicente Ribeiro e Odimay Cambraia.

"Ser feliz não é ter uma vida perfeita,
mas deixar de ser vítima dos problemas
e se tornar autor da própria história."

Abraham Lincoln

Agradecimentos

Primeiramente e especialmente gostaria de agradecer aos meus queridos pais, os quais sempre estiveram ao meu lado e me disponibilizando afeto e cuidados: Odimay Cambraia e Vicente Ribeiro, que me trouxeram com todo o amor e carinho a este mundo e se dedicaram em me formar como individuo, quero dizer-lhes que sem vocês eu não poderia permanecer em buscar de meus objetivos, muito obrigada pelo apoio e carinho.

Agradeço também, aos meus familiares Nataliqueli Cambraia, Haila Vaz e Joilson Roberto Guimarães, que sempre elevaram minha estima e principalmente acreditaram em meu potencial, agradeço por cada sorriso, conselho e muitas vezes pelos puxões de orelha, vocês foram meu refúgio e atualmente continuam sendo.

Não posso deixar de citar também minha gratidão aos meus amigos e parceiros de laboratório, que me acompanharam durante toda a trajetória de pesquisa: Amanda Monte, João Lopes, Leiliany Moura, Rodrigo Matos, Gabriel Santos e Danielson Aleixo, obrigada pelas contribuições, amizade e companheirismo.

Sou extremamente grata às coautoras e orientadoras: Maria Luisa da Silva e Angélica Lúcia Figueiredo Rodrigues, por toda paciência, orientação e colaboração durante a construção do estudo.

Resumo

Ações antrópicas podem ocasionar prejuízos à avifauna amazônica, como a degradação do ambiente e o tráfico ilegal. A manutenção de aves silvestres em cativeiro doméstico é uma atividade predatória e cultural que estimula a proliferação do comércio ilegal. Essa preocupação foi o que objetivou este estudo, no qual analisamos as motivações que fazem com que moradores de Santa Bárbara do Pará, Amazônia, Pará - Brasil (N = 120 participantes) utilizem a avifauna silvestre como animais de estimação. Verificamos se a criação de aves silvestres como animais de estimação estava relacionada com a escolaridade e os resultados indicaram que esta ação ocorre independente do grau acadêmico, sugerindo que tal costume seja influenciado por transmissão cultural (entre pais e filhos). Registramos 64 espécimes de aves silvestres criadas em cativeiro, com destaque para o Curió *Sporophila angolensis*, Sabiá *Turdus leucomelas*, Coleira *Sporophila nigricollis*, Papagaio *Amazona amazonica*, Patativa *Sporophila americana* e Tem-tem *Euphonia violacea*. O uso de aves silvestres como animais de estimação causa prejuízos para à todas as espécies, principalmente para as mais procuradas, a exemplo de *Sporophila angolensis*, que raramente é encontrada em ambiente natural nesse município. A partir destes achados constatamos a necessidade da elaboração de estratégias para a diminuição da demanda de animais silvestres para manutenção em cativeiro, principalmente por meio de ações de educação ambiental.

Palavras-chaves: criação de aves silvestres, ações antrópicas, cultura.

Lista de figuras

Sumário

Introdução sobre a avifauna brasileira

As aves são consideradas um dos grupos de vertebrados com maior diversidade, estima-se que o total aproximado da avifauna atinge hoje 9.920 espécies (Birdlife International, 2010). O Brasil apresenta uma das mais atrativas avifauna do mundo, onde se encontram 1.832 espécies nativas (Comitê Brasileiro de Registros Ornitológicos/CBRO, 2010). Cerca de 1.000 são encontradas na região amazônica, entre elas 32 são endêmicas deste território. Entretanto, ainda carecem pesquisas de levantamento de avifauna mais próximas da realidade na região amazônica (Oren, 2001).

A criação de aves silvestres no Brasil é um costume advindo dos povos indígenas, que incorporam elementos avifaunísticos em suas lendas, mitos, supertições, canções, rituais e desenhos rupestres (Andrade, 1993).

Em Belém, no estado do Pará, o costume de criar aves silvestres como animais de estimação também é uma cultura herdada das miscigenações com as várias etnias indígenas que tradicionalmente ocupam o território nacional (Polido & Oliveira, 1997). A manutenção desses animais em cativeiro, no entanto, seja por afeto, *hobby* ou tradição, representa um grande estímulo para a comercialização ilegal, redução e/ou extinção de espécies de aves nativas (Casotti & Vieira, 1991; Robinson & Redford, 1991; Birdlife, 2010).

As aves são descritas como o grupo de animais com maior quantidade de espécies pertencentes à lista oficial da fauna brasileira ameaçada de extinção (Sick, 1997). Cerca de quatro bilhões de aves são comercializadas ilegalmente por ano, destas 70% são destinadas ao comércio nacional e 30% ao mercado internacional (Vannucci-Neto, 2000). As ordens Psittaciformes e Passeriformes são as mais capturadas e, consequentemente, encontradas com maior frequência em apreensões feitas por autoridades ambientais (Wanjtal & Silveira, 2000; Ferreira, 2004). Os exemplares da família Psittacidae são os que mais despertam interesse, devido à habilidade em imitar a voz humana, inteligência, beleza e docilidade (Ribeiro &

1

Silva, 2007), atrás apenas de cachorros e gatos (Rede Nacional de Combate ao Tráfico de Animais Silvestres/RENCTAS, 2009).

Os proprietários das aves acreditam na existência do bem estar animal em ambiente domiciliar, pois imaginam que devido esses animais terem a liberdade de andar pela casa e receberem alimentação regularmente, além da capacidade de imitação de sons proveniente do ambiente (rural ou urbano) em que ele se encontra (Moura *et al.*, 2008). Mas apesar de tais características comportamentais, ainda sim, é comum a presença do estresse. Acredita-se que ele ocorrer pela falta de interações sociais com indivíduos conspecíficos, assim como privação de suas reais atividades cotidianas, como: forragear, defesa de território, participar do período reprodutivo (cópula, cuidado parental...), etc.

O estresse comum em aves silvestres cativas e pode ser percebido através de diversos métodos: exames sanguíneos, salivares, fecais ou por análise comportamental, com a visão de comportamentos anormais, como por exemplo movimentos estereotipados (balançar a cabeça constantemente ou andar de um lado para o outro). No caso de papagaios, estes que são altamente sociais, quando privados do contato conspecífico, eles tentam se socializar com seus proprietários a partir da imitação da voz humana ou sons encontrados no meio urbano (Young, 2003). As intervenções humanas afetam, significativamente, as espécies de aves que habitam os ecossistemas naturais brasileiros. A resposta das mesmas a essas alterações varia desde aquelas que se beneficiam com as alterações do habitat e aumentam suas populações, até aquelas que foram extintas da natureza (Sick, 1997).

Com a crescente diminuição do número de espécies de aves na natureza, faz-se necessário uma forte iniciativa educacional, no sentido de desestimular a compra de animais oriundos do comércio ilegal e a criação dos mesmos em residências sem a devida autorização de um órgão público (RENCTAS, 2009). O objetivo desse trabalho foi analisar como e por que as aves silvestres são usadas em residências do município de Santa Bárbara do Pará, descrevendo quais espécies são encontradas em cativeiro e a origem das mesmas para posteriormente considerar necessidades conservacionistas e propor ações mitigadoras destes impactos.

Aves silvestres e o homem: relação histórica

A fauna silvestre tem sido explorada por nossos ancestrais desde os primórdios e antes mesmo do uso da agricultura como um processo para fonte de subsistência, fato demonstrado em desenhos rupestres nas cavernas em que habitavam (Verdade, 2004; Brodrick, 1972, Martin, 1971).

Anteriormente à exploração da América pelos europeus, os índios já utilizavam a fauna silvestre, domesticavam espécimes unicamente para uso doméstico, os animais serviam para o entretenimento e curiosidade e dessa forma, permaneciam nas aldeias como xerimbabos, palavra de origem indígena Tupi-Guarani que significa "coisa muito querida", nome dado aos mantidos como de estimação, pelos indígenas brasileiros (Carvalho, 1951; Cascudo, 1973; Spix & Martius, 1981). Nas aldeias brasileiras é possível encontrar uma diversidade de espécies sendo usadas como *xerimbabos*, tais como Psitacídeos, Ranfastídeos, Tiranídeos e muitas outras famílias (Nogueira-Neto, 1973).

Todavia, no decorrer da exploração e expansão europeia nas Américas, trazer animais desconhecidos era motivo de orgulho para os viajantes, pois tais exemplares serviam, principalmente para comprovar o encontro de novos continentes (Sick, 1997). As apresentações dos animais encontrados seriam então, mais sugestivas do que somente narrações. Esses animais eram levados à Europa, expostos e comercializados em feiras das cidades e despertavam interesse e curiosidade do povo. Foi a partir dessa ação que o comércio de animais silvestres foi percebido como uma atividade lucrativa, pois a fauna brasileira se constituía como atrativos para o público europeu (Hangenbeck, 1910).

No final do século XIX a comercialização da fauna silvestre do Brasil para Europa se sistematizou e a partir disso foi iniciado o processo de extermínio de várias espécies de animais brasileiros, já que milhares de aves eram exportadas para a utilização humana, tanto na ornamentação de ambientes domésticos, quanto para a indústria da moda (RENCTAS, 2009).

Na década de 60, além da exploração, o mercado interno no Brasil também ficou bem estabelecido, disponibilizando mais facilidade no acesso à fauna silvestre, sobretudo aves, seus produtos e subprodutos ficavam expostos em feiras livres por todo país, raramente uma cidade não possuía feiras com essa finalidade, tais vendas eram descontroladas. E só foram consideradas atividades ilegais no ano de 1967, quando foi instituída a Lei federal nº. 5.197 (Proteção à Fauna), que declarou a fauna como propriedade do estado e dessa forma, ela não poderia mais ser caçada, capturada, comercializada ou mantida em posse particular. Consequentemente algumas pessoas que praticavam as vendas de exemplares nativos, não concordando com a lei, aderiram venda clandestina e assim se iniciou o comércio ilegal (Carvalho, 1951; Sick & Teixeira, 1979; Santos, 1990; Sick, 1997).

O processo de domesticação de aves silvestres pode ser definido como a ação de fazer com que um animal silvestre que permanece em um ambiente selvagem se adapte a um ambiente fornecido pelo ser humano (Price, 2002). Esse método se originou há cerca de dez mil anos a.C. (período neolítico), junto ao surgimento da agricultura, nesse período as aldeias que anteriormente eram nômades passaram a se estabilizar em lugares fixos, geralmente próximo a rios, e devido a esse "sedentarismo" os mesmos precisaram de estratégias para facilitar a alimentação, de forma a manter o alimento mais próximo de sua moradia, assim os mesmos começaram a domesticar plantas e animais selvagens (Mazoyer & Roudart, 2001).

A interação entre humanos e aves para uso doméstico se iniciou no sudoeste da Ásia 6000 anos a.C., a partir desse período a prática foi disseminada em vários países do mundo. Na China ocorreu há aproximadamente de 6000 anos a.C., na Turquia e no leste da Europa (Romênia e Grécia) a cerca de 3000 anos a.C., na Índia por volta de 2000 a.C., foram introduzidas ao Japão a partir da Coréia, entre 300 a.C. e 300 d.C., fósseis evidenciaram que as aves também podem ter sido domesticadas em 50 d.C. em Roma (Crawford, 2003).

O comércio ilegal : grande ameaça às aves silvestres

Entre os inúmeros problemas de ordem socioambientais, o comércio ilegal de aves silvestres é reconhecido hoje como uma atividade prejudicial ao meio ambiente em virtude da alta importância ecológica dos mesmos. Papagaios, coleiros, cardeais e pintassilgos constam nas apreensões em todos os anos, indicando serem as espécies comumente criadas (Araújo, 2007). Esses animais são destinados a coleções particulares, lojas de mascotes, feiras livres ou mercado exterior, tal atividade põe em risco de extinção várias espécies e consequentemente reduzirá a biodiversidade (Rocha *et al.*, 2006; Souza & Soares Filho, 2005).

É provável que os fornecedores ilegais que vivem desprovidos de uma boa condição econômica, busquem no comércio da avifauna uma fonte de renda complementar. Esta prática é a terceira maior atividade ilícita do mundo, sendo excedida apenas pelos tráficos de armas e drogas (Calhau, 2004; RENCTAS, 2009).

Com a captura de filhotes de papagaios ainda não emplumados e não desenvolvidos, ocorre o afastamento dos pais e destruição de ninhos, tornando quase impossível as chances de sobrevivência e os que possivelmente conseguem, tornam-se animais de estimação em várias residências familiares. Sabe-se que vários desses animais morrem por falta de boas condições postas pelos criminosos que os transportam. Os proprietários dos papagaios acreditam que estão fazendo bem às aves mantendo-as no ambiente domiciliar, pois creem que a liberdade de andar pela casa e receber alimentação regularmente possibilita que o animal se torne membro da família. Imaginam que o fato dos psitacídeos reproduzirem os sons do cotidiano urbano e/ou rural (buzina de carros, fala humana, assobios...), é o modo com que eles se comunicam, interagem e dessa forma mostram seu bem estar animal (Moura *et al.*, 2008). Recentemente, diversos trabalhos têm abordado o comércio ilegal de aves silvestres, os quais têm servido de subsídio para a diminuição dessas ações, que foram constituídas crimes ambientais desde a promulgação da lei Federal n° 5.197 de 03 de janeiro de 1997 (Wolff, 2000).

Atualmente, várias espécies da fauna brasileira costumam ser tratadas como mercadoria e tendem a assumir um novo status de conservação mais crítico. Não há fauna que resista quando se torna alvo do comércio ilegal, como no caso da ararinha-azul *Cyanopsitta spixii* da família Psittacidae, que foi categorizada como extinta da natureza, desapareceu do Brasil quase no final do ano 2000. As regiões Norte, Nordeste e Centro-Oeste concentram as áreas de captura (Lopes, 2003). Os animais retirados da natureza perdem a habilidade de caçar seu alimento e de se protegerem de condições adversas. Além disso, um animal preso é privado de se reproduzir, ficando incapacitado de gerar descendentes e consequentemente, aumentando o risco de extinção (Ribeiro & Silva, 2007).

No ano de 2011, 1.253 espécies foram consideradas ameaçadas com a extinção. Estes representam 12,5% do total de 9.920 espécies de aves descritas no mundo. Um adicional de 843 espécies são consideradas quase ameaçadas e quatro estão extintas no ambiente silvestre, no total de 2.082 espécies que necessitam urgentemente de medidas de conservação. Embora extinções tenham sido melhor documentadas em aves que em outros grupos de organismos, este total está aparentemente sendo subestimado porque extinções são difíceis de documentar (Birdlife International, 2010). O corvo da ilha do Havaí, espécie conhecida como Hawaiian Crow *Corvus Hawaiiensis,* da família Corvidae, também foi classificado como extinto, pois desapareceu em junho de 2002. Uma espécie do Havaí, conhecida como Po'ouli *Melamprosops phaeosoma* da família Fringilidae, foi considerada criticamente ameaçada ou possivelmente extinta, o último indivíduo documentado morreu em cativeiro em novembro de 2004 (Sick, 1997 ; Birdlife International, 2010).

O interesse da população humana pela fauna na aquisição de animais silvestres como animal de estimação aqui no Brasil deve ser satisfeito com responsabilidade e consciência. O correto é procurar criadouros comerciais, que vendam animais nascidos em cativeiro e legalizados, conforme estabelecem as leis ambientais brasileiras. Para aqueles que já têm em casa animais silvestres e que por algum motivo queiram se desfazer dos mesmos, a atitude adequada é ir a uma sede de órgãos ambientais e fazer a entrega voluntária sem risco de sofrer qualquer

6

penalidade. Não é recomendado liberar esses animais novamente na natureza, pois mesmo libertos dificilmente sobreviverão, além da possibilidade de levarem doenças para os demais animais florestais (Ribeiro & Silva, 2007). Para preservar espécies de forma eficiente, os conservacionistas devem identificar as atividades humanas que afetam a estabilidade da biodiversidade faunística. É necessária também a determinação dos fatores que tornam uma população vulnerável à extinção, para que haja um planejamento adequado das ações necessárias para amenizar estados críticos presentes ou/e futuros (Primack & Rodrigues, 2001).

Legislação ambiental da avifauna silvestre

De acordo com o art. 3º da Lei 5.197/67 (lei de proteção à fauna), a fauna silvestre é constituida de todos animais pertencentes às espécies nativas, migratórias e quaisquer outras, aquáticas ou terrestres, reproduzidos ou não em cativeiro, que tenham seu ciclo biológico ou parte dele ocorrendo naturalmente dentro dos limites do território brasileiro ou em suas águas jurisdicionais. No âmbito do direito civil, os animais eram considerados "coisas sem dono" e passíveis de apropriação a partir das modalidades de aquisição descritas nos arts. 592º e 598º do Código Civil de 1916. Somente no fim da década de 80, foram criadas portarias específicas sobre a implantação, o funcionamento e a comercialização de animais silvestres, de acordo com as portarias de nº 117 e 118 do ano de 1997.

A partir da lei de nº 5.197/67, considera-se crime ambiental, matar, perseguir, caçar, apanhar ou utilizar espécimes da fauna silvestre, nativos ou em rota migratória, sem a devida permissão, licença ou autorização de órgãos ambientais.

No ano de 2008, com a instrução normativa do IBAMA de nº 169, foram instituídas e normatizadas novas categorias para o manejo da fauna silvestre e após este período, 28 espécies de aves foram liberadas para comercialização e para o uso como animal de estimação, a resolução de nº 394 do ano de 2007 do Conselho do Meio Ambiente estabeleceu critérios para sua criação e para uso no comércio. No ano

7

de 2010 surgiu uma nova normativa de nº 15, como uma lista atualizada das novas espécies permitidas para o manejo e a criação da avifauna brasileira. Essa nova instrução normativa modernizou o setor faunístico, permitindo o uso de aves silvestres. A partir disso, espera-se uma maior oferta de espécies disponíveis para criação (para criatórios comerciais, científicos, conservacionistas ou amadores), talvez com isso as demandas de exemplares capturados da natureza diminuam.

Consequências da destruição ambietal sobre as aves

As aves quando permanecem em um ambiente equilibrado, com condições ambientais adequadas apresentam melhor qualidade de vida. Quando há um conjunto de fatores favoráveis de um território ao desenvolvimento animal, essa área é intitulada como "hábitat ótimo", o qual é selecionado por um processo evolutivo. No entanto, essas regiões são alvos de vários interesses econômicos e explorações de seus recursos naturais, por seu valor biológico. Tais ações reduzem a área disponível, ocasionam um aumento no grau de isolamento e severas consequências sobre a diversidade, pois as mesmas afetam a taxa de crescimento e desenvolvimento populacional, assim como geram a deterioração da qualidade dos hábitats remanescentes ao longo do tempo (Forero-Medina & Vieira, 2007 ; Saunder *et al.* 1991; Andrén, 1994; Turner, 1996).

Espécies que necessitam de alimentação e hábitats específicos são mais abundantes em ambientes bem preservados, então se há a ocorrência da fragmentação ou modificação de vegetação nesses territórios, essas áreas tendem a perder tais espécies (O'Dea & Whittaker, 2007). Os fragmentos florestais podem representar uma barreira para muitas espécies de aves adaptadas a viverem no interior de florestas (Hayes, 1995).

Indivíduos isolados normalmente tem dificuldade de se reproduzir, caso consigam, a reprodução acontecerá entre poucos indivíduos presentes no fragmento, trazendo um efeito negativo para a sobrevivência da espécie, denominada "depressão

8

endogâmica" que poderá levar a perda da adaptabilidade da espécie (Young *et al.*, 2000).

Insetívoros forrageadores de solo, por exemplo os seguidores de formigas, são aves que mais declinam com a fragmentação (Stouffer & Bierregaard 1995), pois as mesmas utilizam grandes áreas de florestas sem atravessar áreas abertas (Willis & Oniki, 1978). Assim como os carnívoros, granívoros e frugívoros que tendem a diminuir de forma considerável o seu tamanho populacional, devido à redução da área da mata (Aleixo & Vielliard, 1995). Por outro lado, espécies onívoras ou as que se adaptam bem a ambientes alterados podem se beneficiar com a fragmentação (Willis, 1979). A maioria das espécies endêmicas que utilizam as clareiras e bordas de mata também são beneficiadas pela degradação da vegetação florestal ao longo do tempo (Harris & Pimm, 2004).

A caça predatória de aves silvestres

Os seres humanos constantemente exploraram a fauna e flora para sua sobrevivência, e quando os métodos de coleta eram mais rudimentares, as ameaças de extinção não eram tão consideráveis (Primack & Rodrigues, 2001).

A caça é descrita como uma importante atividade em diversas, na Amazônia as aves são caçadas tanto para alimentação quanto para domesticação. Estudos sobre os impactos das atividades socioeconômicas e da captura predatória que influenciam a sobrevivência da avifauna são comumente estudadas, com isso, foi estabelecido que caçadores amazônicos praticassem a caça apenas como uma atividade de subsistência (Ojasti, 2000).

A caça pode ser classificada em cinco diferentes categorias: comercial, esportiva, para fins científicos, subsistência e para controle: a) Caça comercial: que consiste basicamente em vendas de carne e subprodutos, ou do animal vivo para uso doméstico, b) esportiva: geralmente praticada pela classe média ou alta urbana que exercem aos fins de semana como recreação, junto a clubes ou fazendas, c) fins científicos: basicamente usada para zoológicos, estudos ou investigações biomédicas, d) subsistência: com o principal objetivo de suprir necessidades alimentares, onde os caçadores geralmente são pobres ou pertencem a uma comunidade simples, próximo a áreas rurais, normalmente constituem dois grupos distintos, indígenas ou trabalhadores rurais, e) para controle: a caça é empregada como instrumento na redução de populações silvestres que são consideradas pragas, que ocasionam prejuízos à saúde pública, agricultura ou a ecossistemas nativos, assim que caçados os animais podem ser vendidos (Ojasti, 2000).

De acordo com Baia Júnior (2006), nos anos de 2005 e 2006, foi registrado um total de 5.827 kg de carnes abatidas de animais silvestres. O autor relata que há deficiência na punição para com os comerciantes de carne silvestres das feiras-livres. Antigamente haviam várias restrições para evitar a superexploração da fauna silvestre, como por exemplo, controlar a caça de acordo com o território em que a mesma permanecia; proibir a prática em certos horários do dia, em fêmeas ou jovens ou em certas épocas do ano (Begossi, 1993).

Segundo Jupiara & Anderson (1991) a Amazônia é uma das principais regiões que exporta animais silvestres, esses usados no comércio brasileiro são comumente nativos das regiões Norte, Nordeste e Centro Oeste. As espécies são transportadas por rodovias federais por meio de caminhões, carros particulares e ônibus, para as regiões Sul e Sudeste do país. Porém esse comércio é mais bem remunerado nos centros urbanos mundiais, como EUA e países da Europa (Lopes, 2003; Pontes, 2003).

Justificativa da pesquisa realizada na comunidade de Santa Bárbara do Pará

Muitas aves caçadas ou usadas como animais de estimação possuem uma função essencial no meio ambiente, assim, com a diminuição da população das mesmas, há uma influência negativa para o funcionamento adequado do ecossistema (Redford, 1992; Robinson & Redford.,1991).

Sabendo da importância e funcionalidade desses animais para com o ecossistema, recentemente surgem várias pesquisas sobre o que acontecerá com a retirada ou ausência de tantas aves silvestres. Os frequentes saques que ocorrem no ambiente natural das aves silvestres prejudicam a sobrevivência de algumas espécies como foi constatado por Moura (2011) em sua tese de doutorado intitulada "Comportamento Reprodutivo e Dialetos Populacionais do Papagaio-do-mangue *Amazona amazonica*". A referida autora se deparou com dificuldades como os roubos de filhotes de papagaio e destruições dos ocos (figura 1). Essas ações impossibilitaram a continuação da busca de dados nesses ninhos. O autor Lopes (2011) da dissertação "Comportamento vocal do Curió *Sporophila angolensis*" também enfrentou problemas com a captura de aves silvestres, pois em sua pesquisa não obteve indivíduos silvestres suficientes para a análise.

Figura 1 - Ocos destruídos para a coleta ilegal dos filhos de Papagaio do Mangue.

O Lobio (Laboratório de Ornitologia e Bioacústica – LoBio/UFPA) grupo ao qual me integro, já possuía trabalhos prévios na área de Ecoetologia no município de Santa Bárbara do Pará, como estudos comportamentais de aves silvestres encontradas no Parque Ecológico de Gunma e em seus arredores. Durante o desenvolvimento destes trabalhos em áreas do entorno do município citado pudemos testemunhar que várias espécies silvestres estavam sendo criadas como animais de estimação, especialmente o Curió *Sporophila angolensis*. Atividades semelhantes, como as capturas de papagaios da espécie *Amazona amazonica* foram registrados, na ordem de 70% dos ninhos monitorados (Moura *et al.*, 2008). Desse modo, tivemos interesse de obter informações sobre a origem das aves silvestres criadas em cativeiro em Santa Bárbara do Pará, analisar a motivação para mantê-las dentro de um ambiente doméstico, averiguar a proporção da criação na comunidade e tentar entender a percepção dos proprietários das aves criadas em cativeiro sobre a relação entre a comunidade humana e a avifauna.

Objetivos do estudo

O principal objetivo desta pesquisa foi realizar um diagnóstico sobre a criação de aves como animais de estimação em três bairros do município de Santa Bárbara (PA): Centro, Novo e Paraíso. Nesse contexto verificamos:

- A proporção da criação de aves silvestres nesses três bairros;

- A percepção e motivação para a população possuir o costume de criação de aves silvestres;

- Se os entrevistados possuíam conhecimento quanto à vida das aves silvestres no ambiente natural;

- O tipo de alimentação que essas aves recebiam em ambiente domiciliar;

- Se existe relação afetuosa entre ave silvestre e criador.
- Quais as famílias de aves comumente criadas nos três bairros e suas origens;

Metodologia usada para a realização da pesquisa

- Área de estudo

O município de Santa Bárbara do Pará foi criado através da Lei nº 5.693, de 13 de dezembro de 1991, o mesmo foi desmembrado do município de Benevides, com sede na localidade da antiga vila de Santa Bárbara, que passou à categoria de Cidade, com a denominação de Santa Bárbara do Pará. Localiza-se entre as coordenadas 01°13'25" de latitude sul e 48°17'40" de longitude oeste da região metropolitana de Belém, a 50 km da capital. Apresenta uma área territorial de 278 Km² às margens da rodovia PA-391 (Belém-Mosqueiro). Possui uma população estimada de 17.141 habitantes (IBGE, 2009).

Figura 2 - Mapa da localização de município de Santa Bárbara do Pará e dos três bairros visitados, Fonte: INPE.

Do total de 120 moradores entrevistados, residentes nas comunidades da área de estudo, 69 pertenciam ao Bairro Centro, 42 ao Bairro Novo e 9 residiam no Bairro Paraíso, eram de ambos os sexos e maiores de 18 anos. O cálculo do tamanho amostral foi realizado através da equação para uma amostra aleatória simples:

$$n_0 = \frac{1}{E_0{}^2} \quad (1)$$

$$n_0 = \frac{N.n_0}{N + n_0} \quad (2)$$

N= Tamanho da população estudada;

n_0= Primeiro valor aproximado do tamanho da amostra;

E_0= Erro amostral.

Segundo a prefeitura do município de Santa Bárbara do Pará, o número de residências dentre os três bairros visitados (Bairro Novo, Centro e Paraíso) é de 1.955 moradias, dessa forma utilizando a equação acima e um erro amostral de 0,10.

- **Procedimento**

Fase 1

As visitas para aplicação de questionários foram realizadas entre os meses de abril a dezembro de 2011. As 120 residências foram selecionadas elegendo-se a primeira casa da rua, suprimindo as cinco posteriores, voltando a realizar as entrevistas na sexta casa e assim sucessivamente. Nesse período a metodologia adotada para o cumprimento do trabalho foi a realização de sondagens por meio de entrevistas no decorrer de excursões em três bairros. Ao nos identificarmos, apresentamos ao proprietário o termo de consentimento livre e esclarecido, no qual estava explícito qual o cunho da pesquisa e como a mesma seria realizada, dando ao mesmo o direito de aceitar participar ou não da entrevista. Os questionários continham perguntas referentes a dados pessoais dos proprietários, além de dados sobre o animal como: origem, o comportamento do animal na residência.

Participaram das entrevistas tanto pessoas que criavam aves silvestres quanto pessoas que não criavam, para que pudéssemos inferir uma proporção de quantos moradores possuíam estes animais. As pessoas que afirmaram não possuir aves silvestres responderam apenas à parte do questionário relativa aos dados pessoais, enquanto que as que afirmaram possuir responderam questionário semiestruturado completo, ou seja, contendo questões abertas e fechadas.

Fase 2

Foram analisados os questionários de moradores que criam aves silvestres em domicílio, verificando o modo em que o animal se encontra e como ele é tratado pelos membros da família.

As análises quantitativas foram feitas com o programa *Statistica* (*Stasoft*) e *Microsoft Excel*, através de análises descritivas, mostrando as porcentagens de indivíduos que criam e que não criam aves silvestres em Santa Bárbara do Pará, bem como gráficos de espécies criadas e preferidas, tempo de criação, origem do animal, etc. Realizamos o teste de Qui-quadrado para verificar se havia diferenças significativas quanto à escolaridade dos criadores de aves silvestres.

As análises qualitativas foram descritas e interpretadas por meio de uma revisão do material obtido, a partir das anotações em campo e questionários preenchidos, a qual criará uma observação pessoal por parte do pesquisador com relação ao comportamento e a percepção dos entrevistados.

Resultados e discussão

A comunidade do município Santa Bárbara do Pará foi criada recentemente, seus moradores apresentam tempo de moradia que se diversifica entre um mês a 82 anos (Figura 4). Todos os indivíduos eram de ambos os sexos e maiores de 18 anos. Quanto à caracterização de escolaridade, verificamos que no município há uma grande variabilidade referente aos níveis escolares, apresentando desde o ensino básico à pós-graduação, de todos os entrevistados, a maioria concluiu o ensino médio (Figura 3).

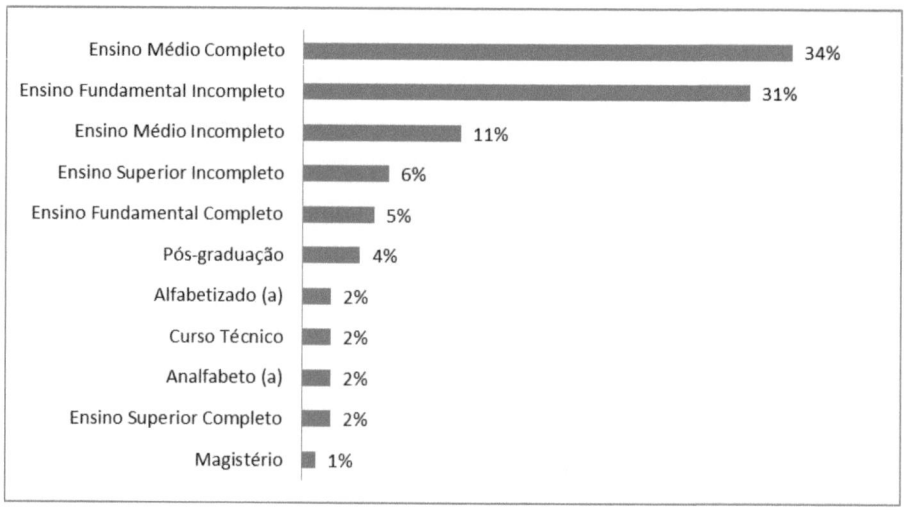

Figura 3 - Escolaridade da amostra populacional do município de Santa Bárbara do Pará.

A maioria dos respondentes era proveniente do estado do Pará (91%). A maioria formava m grupo familiar, no qual 32% eram casados e 28% possuiam cônjuge informal e ambos com vários filhos (as), os solteiros (as), frequentemente aparecem como jovens estudantes ou mães solteiras (34%). As entrevistas foram aplicadas na maior parte para o sexo feminino, pois os homens, além de se

18

apresentarem mais reservados às entrevistas também as evitavam, possivelmente por temor às autoridades governamentais relacionadas ao tráfico de animais silvestres.

Levando em consideração que os resultados evidenciaram que a criação de aves silvestres não está relacionada com os níveis baixos de escolaridade e nem com a classe social, a motivação para o costume de criação de aves silvestres então está ligada à valores culturais que são repassados de pais para filhos e possivelmente com o sexo masculino, visto que os criadores, na maioria das visitas nas residências, eram do homens, sendo que as mulheres ficavam com a função de alimentar os animais caso os donos não estivessem presentes. O afeto e o cuidado que os proprietários possuem com as aves, geram conflitos familiares, pois as mulheres afirmavam que os companheiros disponibilizavam muito mais atenção e cuidados para as aves silvestres que para elas.

Outra curiosa característica visualizada no município é que os psitacídeos eram mais procurados pelo sexo feminino (na maioria das vezes senhoras), podendo demonstrar de alguma forma, que a capacidade de imitação da voz humana, vocalização de animais domésticos (cachorro, gato, etc), sons de objetos urbanos (buzinas, sirenes, apitos, etc) e o "companheirismo" que o animal proporciona possivelmente são características que servem para suprir a falta de atenção de algum membro da família.

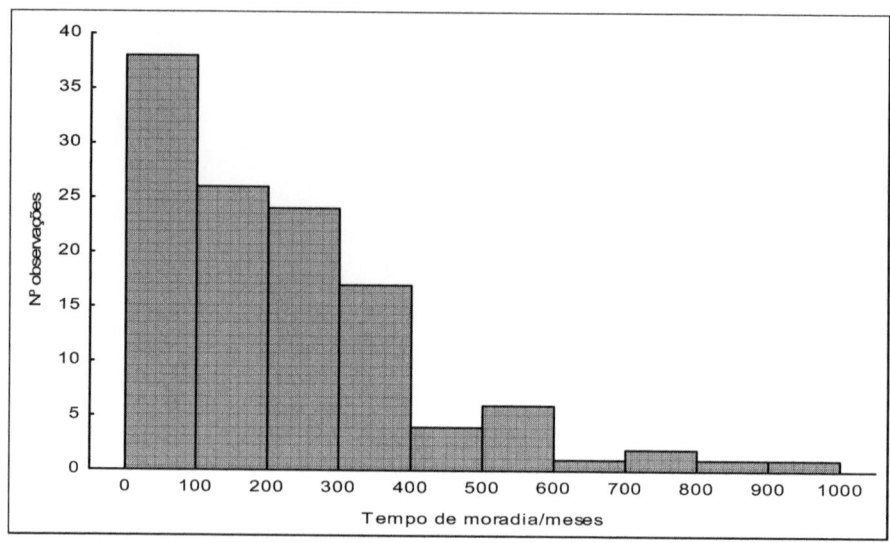

Figura 4 - Tempo de moradia dos entrevistados na comunidade de Santa Bárbara do Pará.

Em relação à atividade profissional dos entrevistados, 24% do sexo feminino, declarou que se dedica inteiramente a cuidar do lar, 10% são estudantes, 9% afirmam atuar como autônomos (as), trabalham com vendas (papelarias, mercados de conveniências e roupas) ou possuem empregos sem a carteira assinada (diaristas, mecânicos, etc), 7% são aposentados, 6% professores e outros 6% motoristas, os demais atuam em diversas profissões que podem ser visualizadas na tabela 1 (lista completa das profissões encontradas).

Tabela 1- Profissões encontradas na comunidade do município de Santa Bárbara do Pará.

Profissões dos entrevistados	Quantidade
Higienizador	1
Técnica na área da saúde	1
Secretária Administrativa	1
Mecânico	1
Carpinteiro	1
Servidora Pública	1
Serviços gerais	1
Eletricista	1

Mecânico industrial	1
Op. de Carregadeira	1
Cozinheira	1
Ajudante de Mecânico	1
Sociólogo	1
Sapateiro	1
Tec. Enfermagem	1
Pescador	1
Aux. Produção	1
Estoquista	1
Agente Comunitário de Saúde	1
Educador Social	1
Pintor	1
Costureira	1
Ferreiro	1
Caseiro	1
Serralheiro	1
Tratorista	1
Babá	2
Cobrador (a)	2
Pensionista	2
Carregador	2
Pedreiro	2
Empregada doméstica	2
Servente	2
Motorista	8
Professor (a)	8
Aposentado (a)	9
Autônomo (a)	11
Estudante	13
Dona de Casa	30

Para a complementação da renda familiar dos entrevistados, além da profissão, os mesmos recorrem a outras atividades. Verificamos que do total, 57% trabalham com vendas, 8% atuam esporadicamente em vendas de artesanato e 5% em armazéns

21

como carpinteiros (Figura 8), as demais atuações podem ser encontradas na tabela 2 (lista completa das atividades complementares).

Tabela 2- Atividade complementar ao trabalho dos entrevistados, município de Santa Bárbara do Pará.

Atividade para complementar ao trabalho	Quantidade
Agricultor (a)	1
Pescador	1
Motorista	1
Pedreiro	1
Pintor	1
Soldador	1
Voluntário da Igreja	1
Vigilante	1
Professor de reforço	1
Carpinteiro	2
Artesã (o)	3
Autônomo (a)	20

Aspectos do costume de criar aves silvestres

A fauna silvestre vem contribuindo para a humanidade de forma direta e indireta ao longo de sua existência, para vários fins: medicinais, estéticos, ornamentais, de entretenimento e comerciais (Barrera - Bassols & Toledo, 2005; Pattiselanno, 2004; Zapata, 2001). Na área pesquisada não encontramos evidências de que a população utilizava os animais para fins medicinais ou estéticos, o uso somente estava referente a fins ornamentais, de entretenimento ou comerciais.

De acordo com as respostas obtidas a partir dos questionários aplicados, a motivação para a criação de aves silvestres está relacionada a diversos fatores, como

22

a melodia do canto, 37% dos entrevistados afirmam que a vocalização das aves é o principal atrativo para a criação: *"Me sinto bem ouvindo o canto dos pássaros, é muito bonito"* (V.O, motorista, 37 anos). O costume (17%) é a segunda razão, os respondentes acreditam que esse comportamento foi passado de pai para filho: *"Minha mãe gosta de criar galinhas, mas meu pai sempre gostou de passarinhos, ensina meu sobrinho e ele gosta bastante, inclusive sai bem cedo pra passarinhar"* (L.P, Professora de educação geral, 35 anos), outros descrevem o costume como uma atividade de entretenimento: *"Nem sei por que gosto, acho que é como um esporte, gosto de ver os bichinhos"* (A.F, motorista, 49 anos). A beleza (15%) que está relacionada às cores das penas, tamanhos variados e distração, também aparece como justificativa para esta prática: *"Eles são tão bonitos, engraçados e coloridos"* (C.C, estudante, 19 anos). Os 13% da amostra populacional demonstra que o entretenimento que os animais proporcionam ao lar, também desencadeia o uso das aves como animais de estimação: *"Gosto de ter aves, por que é um lazer pra mim, principalmente quando é papagaio"* (A.G, ferreiro, 36 anos). A imitação (4%) foi indicada em apenas duas espécies encontradas, uma é o Papagaio (*Amazona amazonica*) e outra é o Tem-tem (*Euphonia violacea*), que imitam outros animais, sons conhecidos, assobios, nome de pessoas e produzem sons musicais como o hino nacional e outras músicas: *"Gosto de criar papagaio, **tudo o que eu ensino, ele fala"** (M, babá, 18 anos) e "O pai tinha um que **falava quero café** e **cantava o hino nacional"** (*C.S, dona de casa, 29 anos). As demais razões podem ser observadas na Figura 4.

O enfoque central do comércio de aves está mais relacionado ao lazer, pois mesmo atividades como a caça/captura de exemplares, não estão vinculadas à práticas de consumo para subsistência e sim para apreciação de alguma característica comportamental animal (vocalização, imitação, inteligência). A maioria das espécies de aves citadas como animais de estimação na comunidade de Santa Bárbara do Pará eram canoras, evidenciando que a vocalização é o principal fator para a obtenção das aves.

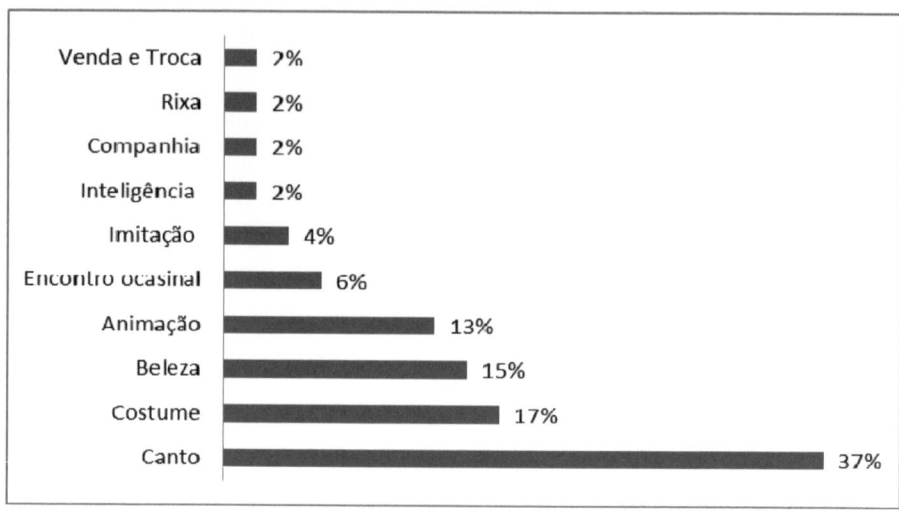

Figura 5 - Motivação da criação de aves silvestres como animais de estimação no município de Santa Bárbara do Pará.

Foi realizado o teste qui-quadrado com o intuito de verificar se frequência de criação de aves silvestres está relacionada com a escolaridade. A partir do qui-quadrado conclui-se que as variáveis analisadas são consideradas independentes (p > 0,05), isto é, pressupõe-se que não há associação entre o grau acadêmico e o costume de criar aves silvestres, pois $X^2 = 13,18$; $p = 0,21$. A quantidade de criadores e não criadores está distribuída em suas respectivas caselas para cada categoria de escolaridade na tabela 3. Os números em negrito evidenciam que não há diferença significante entre as médias de escolaridade quanto o fator de não criar aves silvestres como animais de estimação.

Tabela 3- Qui-quadrado dos criadores e não criadores distribuídos para cada categoria de escolaridade.

ESCOLARIDADE	NÃO CRIA	CRIA	TOTAL
Analfabeto (a)	2	0	2
Alfabetizado (a)	3	0	3
Ensino Fundamental Incompleto	**22**	**17**	39
Ensino Fundamental Completo	3	4	7
Ensino Médio Incompleto	14	5	19
Ensino Médio Completo	**26**	7	33
Magistério	2	0	2
Curso Técnico	2	0	2
Ensino Superior Incompleto	5	2	7
Ensino Superior Completo	1	1	2
Pós-graduação	4	0	4
Total	84	36	120

Aspectos da manutenção das aves como animais de estimação

Foram encontradas em três bairros do município de Santa Bárbara do Pará, 64 aves silvestres, 17 espécies de oito famílias (Figura 6 e Tabela 4).

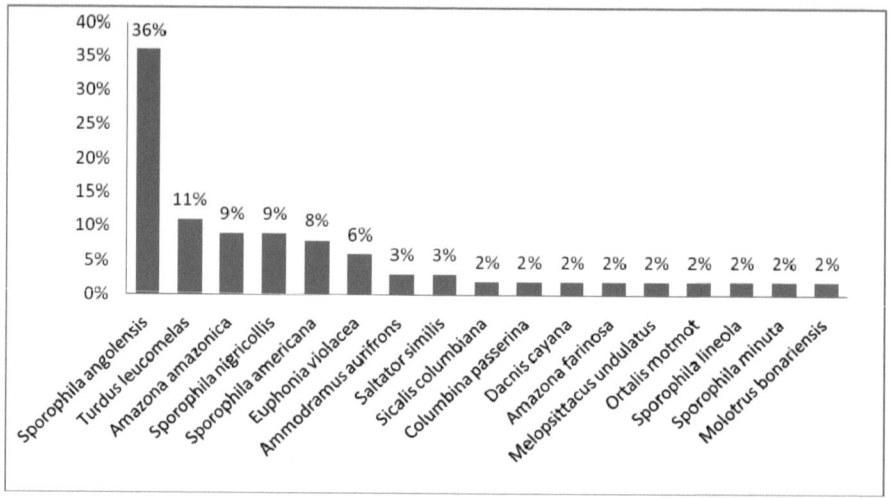

Figura 6 - Espécies encontradas nas residências dos criadores de aves de Santa Bárbara do Pará.

Tabela 1- Espécies encontradas nas residências dos criadores de aves de Santa Bárbara do Pará.

Nome popular	Nome científico	Quantidade encontrada	Família
Canário	Sicalis columbiana	1	Emberizidae
Rolinha-cinzenta	Columbina passerina	1	Columbidae
Papagaio-moleiro	Amazona farinosa	1	Psittacidae
Periquito australiano	Melopsittacus undulatus	1	Psittacidae
Aracuã	Ortalis motmot	1	Cracidae
Bigodinho ou Bigode	Sporophila lineola	1	Emberizidae
Caboclo-lindo	Sporophila minuta	1	Emberizidae
Carreteiro	Molotrus bonariensis	1	Icteridae
Saí-azul	Dacnis cayana	1	Thraupidae
Cigarra	Ammodramus aurifrons	2	Emberizidae
Trinca-ferro	Saltator similis	2	Thraupidae
Tem-tem	Euphonia violacea	4	Fringilidae
Brejal ou Patativa	Sporophila americana	5	Emberizidae
Papagaio-do-mangue	Amazona amazonica	6	Psittacidae
Coleira ou Gola-preta	Sporophila nigricollis	6	Emberizidae
Sabiá-branco	Turdus leucomelas	7	Turdidae
Curió	Sporophila angolensis	23	Emberizidae

Quanto ao fator de manutenção das aves silvestres cativas, os interlocutores sustentaram explicações condizentes com fatores econômicos e bio-ecológicos para a escolha das três famílias de aves mais criadas, que são:

i. Os emberizídeos são os pássaros mais procurados pelos criadores de aves silvestres no município de Santa Bárbara do Pará, isso provavelmente ocorre por três motivos principais: (1) Hábito alimentar, pois a maioria é granívoro, herbívoro ou frugívoro e isso os torna animais "econômicos" para a criação doméstica; (2) Hábitat natural em campo aberto, o que os torna mais facilmente visíveis para a captura; (3) Comportamento vocal, que chama a atenção de "passarinheiros" através da melodia suave de seu canto, extremamente variado e ressonante.

ii. Os psitacídeos são bastante encontrados em residências como animais de estimação por serem aves graciosas, com capacidade de imitação, proporcionam "boa companhia" e são considerados animais onívoros no ambiente familiar.

iii. Os turdídeos conquistam a simpatia de todos por seus cantos, assobios prolongados e altos timbres, por serem onívoros, além da facilidade de sua visualização na natureza e por se adaptarem bem a ambientes urbanos.

O principal aspecto da criação de aves silvestres como *pets* está mais relacionado ao lazer. Apesar desta última estar vinculada à captura de exemplares selvagens dificilmente servirá para subsistência, prevalecendo assim a apreciação pelas características comportamentais das espécies (vocalização, imitação, inteligência).

A maioria dos entrevistados afirmou não possuir dificuldade na manutenção dessas aves, isso ocorre pelas características supracitadas, pois as aves que são normalmente criadas na comunidade não possuem uma alimentação financeiramente dispendiosa. E as que são consideradas onívoras aceitam facilmente diversos tipos de alimentos, dessa forma, quando os mantenedores não possuem condições para comprar frutas, grãos ou ração adequadas para as aves, eles as alimentam com a mesma refeição que há no cardápio cotidiano deles, tais como: feijão, ovo cozido, macarrão, café, leite em pó e outros manufaturados (Figura 7).

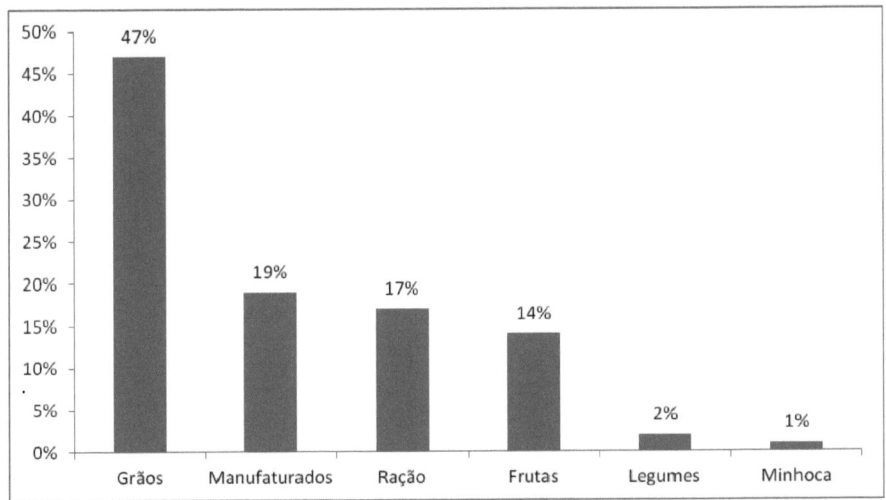

Figura 7 - Alimentação oferecida as aves silvestres em cativeiro residência, pelos entrevistados em Santa Bárbara do Pará.

Dos criadores de aves silvestres de Santa Bárbara, 78% pessoas as consideram como membros da família e 22% as tinham apenas como animais de estimação (Figura 8), 78% afirmaram que sabem que o animal estaria com melhor qualidade de vida na natureza, porém mesmo assim os criam, 14% acreditam que as aves fiquem com maior longividade em ambiente domiciliar, 5% não souberam dizer onde acham que as aves teriam melhor qualidade de vida e 3% afirmaram que não importa onde elas estejam contanto que haja abrigo para as mesmas (Figura 9).

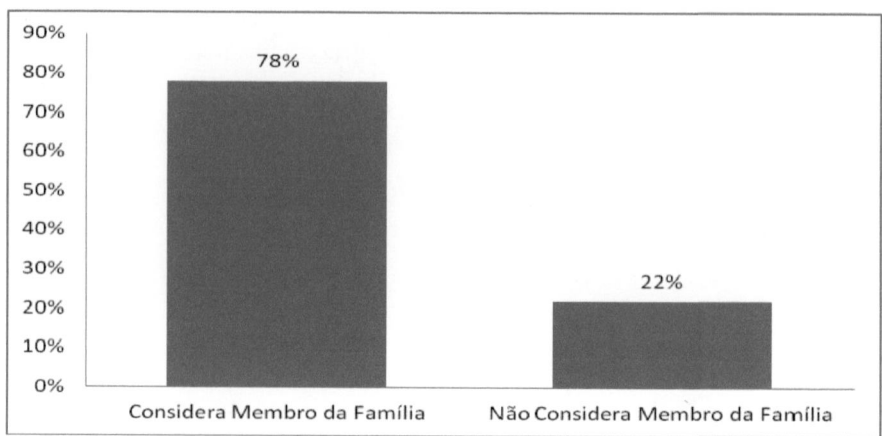

Figura 8 - Afeto dos proprietários das aves silvestres perante as mesmas.

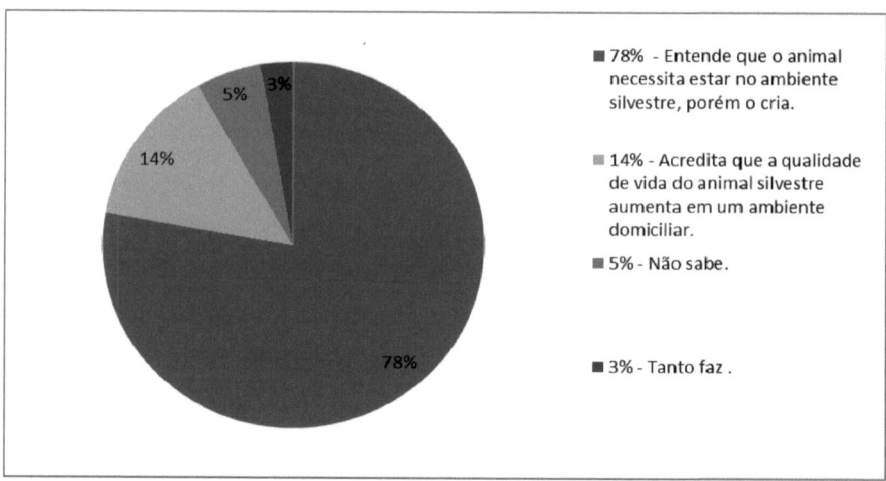

Figura 9 - Percepção dos entrevistados perante o bem estar das aves silvestres na residência.

Dentre os criadores de aves silvestres, a maioria (89%) afirmou não possuir conhecimento do comportamento selvagem das mesmas, assim como os fatores básicos para sua sobrevivência, como: onde encontrar, o que comem e o tipo de vocalização. Apesar desse conhecimento básico, a maioria dos portadores dos animais não possuía ciência sobre o hábitat natural das espécies. Essa falta de informação, possivelmente é um fator influenciador da tradição de criar animais silvestres como mascotes (Figura 10).

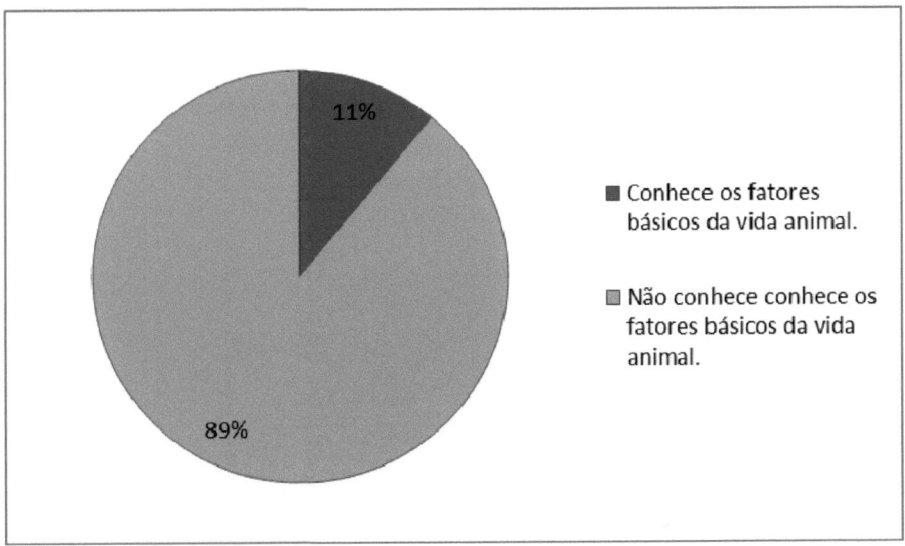

Figura 10 - Conhecimento sobre o hábitat natural das aves silvestres mantidas nas residências visitadas.

A ideia que a maioria das pessoas entrevistadas possui é que para a sobrevivência das aves silvestres em cativeiro é necessário que elas possuam três principais elementos , 36% afirmam que a "alimentação" é o fator principal para a vivência animal, 28% alegam que a água é indispensável para esses animais e 13% asseguram que o afeto é a melhor forma de conservação para os mesmos (Figura 11).

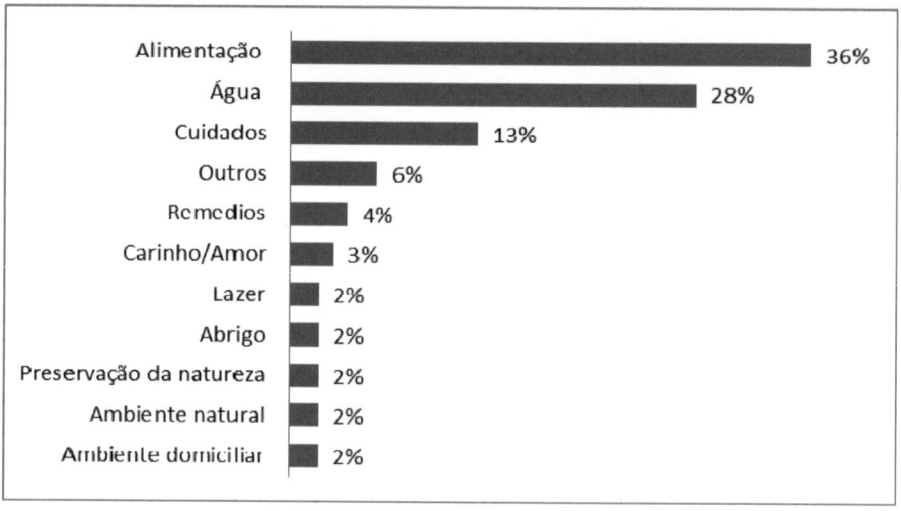

Figura 11 - O que os criadores idealizam como necessário para a sobrevivência das aves silvestres.

Segundo os respondentes, a origem dos animais encontrados é bem variada, porém a maioria é decorrente do comércio, 45% dos animais foram comprados, 30% foram cedidos por familiares ou amigos que já não queriam a responsabilidade dos cuidados e 20% foram supostamente "encontrados", um próximo a rua da residência, dois no quintal de parentes e cinco no quintal da própria residência (Figuras 12).

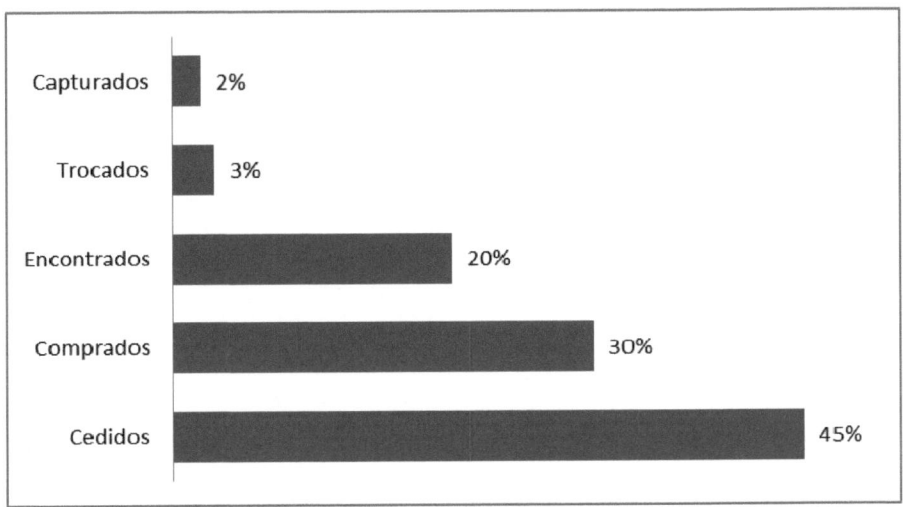

Figura 12 - Origem da ave silvestre.

Da posse dos entrevistados, as aves possivelmente eram originadas do comércio ilegal, isto é, compradas de pessoas que provavelmente as obtiveram de forma não legalizada, onde a captura animal ocorreu em um hábitat natural, sem ter a intenção de realizar a criação, apenas para a comercialização. De tal forma que os mesmos não usem condições de transportes e armazenamentos adequados, o que consequentemente ameaçam a sobrevivência dessas. A maior parte das espécies em risco de extinção encontram-se nesta situação ocasionadas pela ação do homem (Primack & Rodrigues, 2001). Atualmente essas ameaças ambientais aparecem como contribuintes para o declínio de diversas espécies de aves (BirdLife International, 2011).

Estas ações necessitam de grande atenção, pois estes costumes, aparentemente com apelo cultural, se proliferam diariamente, levando muitas espécies a um alto grau de vulnerabilidade. Na comunidade estudada verificamos que poucos entendem a necessidade das aves silvestres permanecerem na natureza ou não reconhecem que cada ser vivo pode ter uma função determinada para o funcionamento adequado do ecossistema.

33

Para o uso de qualquer recurso natural, é necessária a utilização do manejo silvestre, de acordo com as normas governamentais. Dessa forma, a atividade se torna um ciclo de auxílio para o consumo desses produtos biológicos sem prejuízos aos mesmos, além de gerar empregos e por tanto um melhoramento socioeconômico.

Dos entrevistados, 66% acham que o costume de criar aves silvestres no município de Santa Bárbara está aumentando: *"Acho que tá aumentando, porque se o pai cria, o filho vai no mesmo costume e quando vê, tá pai e filho criando"* (E.C, dona de casa, 37 anos) e *"A prática tem se mantido, há um comércio em relação aos que são considerados bons, vendem os bichos até por mil reais"* (L.P, professora de educação geral, 35 anos), 31% acreditam que o costume está diminuindo na região, *"Acho que a criação aqui tá diminuindo, porque o pessoal pega e leva pra fora como venda clandestina"* (A.G, ferreiro, 36 anos) e *"Porque agora eles pegam mais pra traficar os bichinhos e alguns não tem paciência"* (R.R, dona de casa, 50 anos). Somente 3% alegaram não ter informação sobre a criação de aves na comunidade (Figura 13).

A interação entre seres humanos e a biodiversidade representa uma prática que se perpetuou ao longo da história da humanidade. No Brasil, essa prática se iniciou a partir de sociedades indígenas e posteriormente por descendentes dos europeus desde o período colonial (Alves & Pereira Filho, 2007).

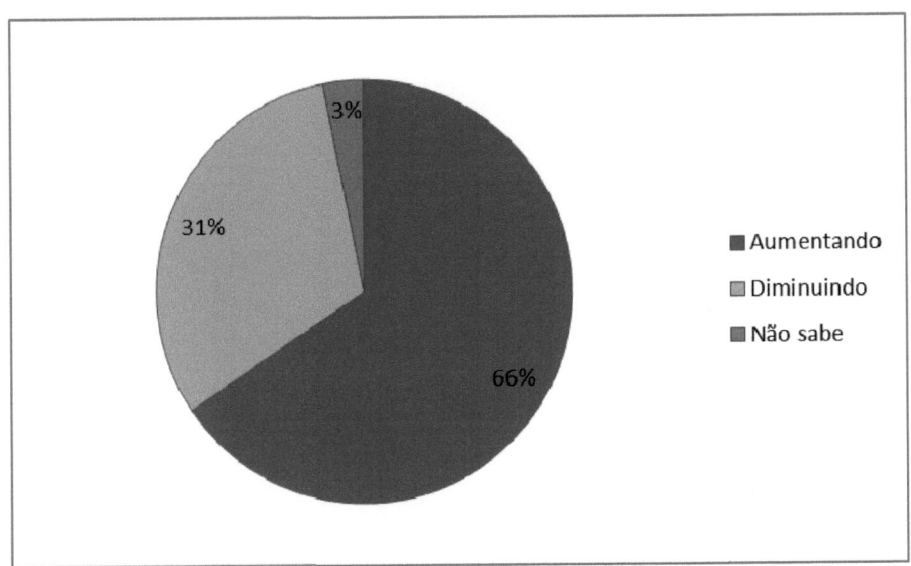

Figura 13 - Percepção dos entrevistados quanto a demanda de criação de aves silvestres em Santa Bárbara do Pará.

O tempo de permanência dessas aves nas residências dos entrevistados oscila entre uma criação recente (um mês) ou mais antiga (oito anos) (Figura 14). Talvez essa longevidade de criação seja o motivo pelo qual os criadores presumam que as mesmas estejam melhor em sua residência, concluem que no ambiente natural esses animais não teriam a mesma qualidade de vida.

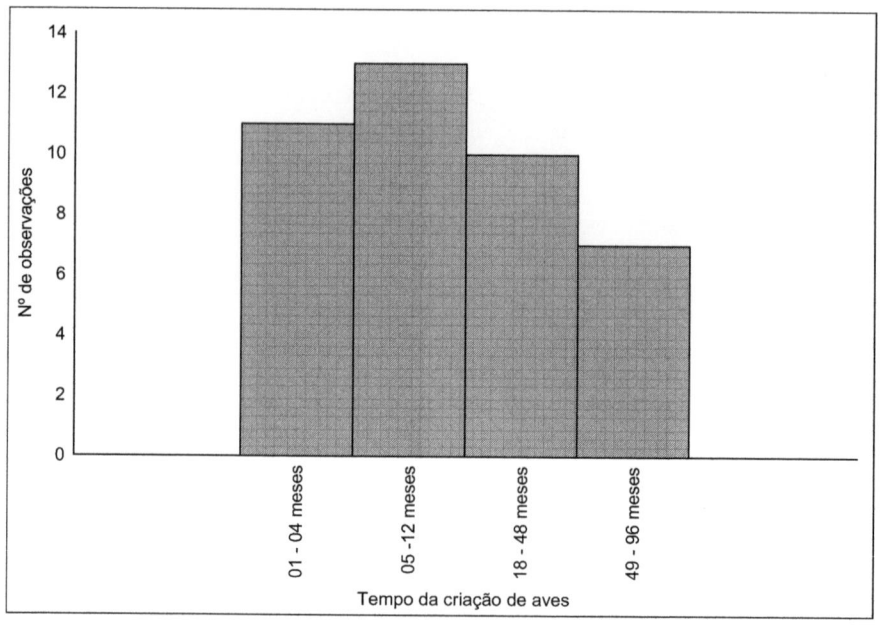

Figura 14 - Tempo de permanência das aves silvestres nas residências visitadas em Santa Bárbara do Pará.

No âmbito conservacionista, a manutenção da variedade de espécies tem se transformado em um dos objetivos mais importantes da atualidade. A diversidade de aves não se restringe a um conceito pertencente ao mundo natural, a mesma é também uma construção cultural e social. As espécies são fontes de conhecimento, de domesticação e uso, de inspiração para mitos e rituais das sociedades tradicionais, e finalmente, mercadoria nas sociedades modernas (Diegues & Arruda, 2001).

As respostas selecionadas dos entrevistados que aparecem como exemplo ocorreu de acordo com sua compacticidade ao texto da dissertação, também usamos as pessoas que melhor exibiram opinião quanto a questões aplicadas a eles. A análise referente aos questionários exploratórios nos permitiu uma visão geral a respeito da percepção dos moradores da área de estudo quanto ao hábito de criação aves silvestres no ambiente domiciliar. A partir disso, haverá a possibilidade de realização de estudos relacionados à pesquisa em conservação e a etnoornitologia, o que permitirá a construção de planos para conceber atividades minimizadoras de impactos negativos que o uso dessas aves para animais de estimação e outros fatores antrópicos causam, assim integrando a população ao contato direto e indireto com a fauna, por meio de visitas ao ambiente natural dessas aves e cartilhas informativas, ambas as estratégias para a construção de um processo afetivo e contínuo no contexto da educação ambiental.

Para que haja preservação ambiental, o ser humano deve se ajustar às leis que conduzem a sua forma de agir e interagir com o meio ambiente, mas de nada adianta, se as mesmas não forem aplicadas ou exercidas. As autoridades públicas devem fazer com que a sociedade cumpra tais leis através do ato fiscalizatório. E para que exista uma fiscalização funcional, é necessária a destinação de recursos financeiros e recursos humanos (Zago, 2008).

Com a preocupação de entender o comportamento relacionando ao ponto de vista genético e cultural, pesquisadores focaram seus estudos em quatro objetivos: comparar sistemas de herança genético e cultural, entender as forças de transmissão cultural (seleção cultural, por exemplo), entender as principais estratégias de aprendizado humano em termos evolutivos (tentativa-e-erro, imitação e aprendizado social). De acordo com isso obtiveram o coeficiente de similaridade cultural, um grau onde ações são influenciadas pelos pais, com isso é estudado a probabilidade de indivíduos dividirem a mesma idéia (Pulliam & Dunford, 1980).

É importante entender as relações que existem entre os humanos e não humanos, a maneira que animais silvestres são usados e as espécies mais utilizadas. As aves são de grande importância para a comunidade humana, considerando contextos econômicos e culturais. Estudos etnoornitológicos são fundamentais para a elaboração de estratégias de conservação e gestão (Bezerra et al., 2011).

Enfatiza-se que uma boa alternativa para amenizar os problemas relativos ao meio ambiente é começar a construir diálogos de saberes referentes à contextos ecológicos na sociedade, modificando a visão de superioridade do homem em relação à natureza (Zago, 2008).

Considerações finais

O município de Santa Bárbara do Pará é caracterizado por apresentar grande quantidade de indústrias madeireiras, consequentemente se torna muito visado por órgãos de fiscalizações ambientais, este fato fez com que alguns moradores (principalmente funcionários dessas indústrias) evitassem responder ao questionário, dificultando e enviesando a coleta de dados.

A criação de aves silvestres na comunidade representa uma prática relacionada a um costume local, o qual é influenciado pela cultura indígena da região amazônica, que os acompanha muito antes da colonização do Brasil e com isso desconsideram-se os níveis sociais e de escolaridade como fatores de influxo.

Além da transferência cultural, outros fatores acarretam no manejo tradicional de aves silvestres, como a proximidade do município às áreas naturais. Isto favorece um maior contato da população com animais silvestres, causando interesse e facilitando sua captura. A maioria dos proprietários conhece a alimentação adequada de cada espécie, com exceção dos psitacídeos, pois os "passarinheiros" presumem que os animais sejam onívoros, porém na realidade são granívoros e frugívoros. Além disso, há carência de conhecimento acerca da vida silvestre dessas aves. Poucos conhecem de fato seu hábitat, seu comportamento em ambiente natural e sua importância para a manutenção do ecossistema.

As famílias, Fringilidae, Turdidae, Psittacidae e principalmente Emberizidae compreendem os grupos mais encontrados nas residências. E o Curió *(Sporophila angolensis)*, o Sabiá-branco *(Turdus leucomelas)*, o Papagaio-do-mangue *(Amazona amazonica)*, a Coleira ou Gola-preta *(Sporophila nigricollis)*, o Brejal ou Patativa *(Sporophila americana)* e o Tem-tem *(Euphonia violacea)* são as espécies comumente criadas. A origem dessas aves é diversa, além do apanhe, ocorre também através da compra e troca desses animais, que de acordo com os nossos resultados foram escolhidos como animais de estimação devido à beleza, melodia do canto, capacidade de imitação, entretenimentos que os mesmos proporcionam às famílias e na maioria dos casos, devido uma transmissão cultural ocasionada por um membro da família (normalmente do sexo masculino), visto que os homens se mostram como principais compartes na interação entre aves silvestres e os mais jovens da família.

Não encontramos evidências de que a população utiliza animais silvestres para fins medicinais ou cosméticos. Observamos o uso somente para fins ornamentais, de entretenimento ou comerciais. As aves encontradas nas residências possivelmente eram originadas do comércio ilegal, isto é, compradas de pessoas que as obtiveram por meio da captura em um ambiente natural, almejando criação ou comercialização.

O costume regional de criar aves silvestres se prolifera diariamente, levando muitas espécies à vulnerabilidade. Na comunidade estudada verificamos que poucos entendem a necessidade das aves permanecerem na natureza ou não reconhecem que cada ser vivo possa ter uma função determinada para o funcionamento adequado do ecossistema. Entender que cada espécie é um item importante para a sobrevivência do planeta é essencial para a melhoria de costumes como o tráfico ilegal de animais silvestres.

Neste contexto, visualizamos a carência de se planejar projetos que além de instruírem novos conceitos ambientais, também sejam capazes de construir ou modificar atitudes incoerentes com a manutenção da vida silvestre, com condições para a construção de saberes de cunho ecológico, a partir de processos educativos, com metodologias que atribuam sensibilidade ambiental, de modo que os atuais e possíveis criadores de aves silvestres possam se capacitar para analisar as consequências dessa criação para com a qualidade de vida animal e entender que esta atividade pode favorecer o tráfico silvestre.

Referências

Aleixo, A., & Vielliard, J. M. E., (1995). **Composição e dinâmica da avifauna da mata de Santa Genebra, Campinas, São Paulo, Brasil.** Revista Brasileira de Zoologia, 12: 493-511.

Alves, R. R. N., & Pereira-Filho, G. A., (2007). **Commercialization and use of snakes on North and Northeastern Brazil:** implications for conservation and management. Biodiversity and Conservation, v. 16, p. 969-985.

Andrade, M. A., (1993). **A vida das aves: Introdução à biologia e conservação.** Belo Horizonte: Editora Líttera Maciel, 1993. 160p.

Andrén, H., (1994). **Effects of habitat fragmentation on birds and mammals in landscapes with different proportions of suitable habitat: a review.** *Oikos* 71:355-366.

Araújo, A. C. B., (2007). **Diagnóstico sobre a Avifauna apreendida por órgãos de fiscalização na região central do Rio Grande do Sul.** Monografia (Trabalho de Conclusão de Curso de Engenharia Florestal). Universidade Federal de Santa Maria, Santa Maria.

Baia Júnior, P. C., (2006). **Caracterização do Uso Comercial e de Subsistência da Fauna Silvestre no Município de Abaetetuba, Pa.** Universidade Federal Rural Da Amazônia, Belém, Pará.

Barrera - Bassols, N., & Toledo, V., (2005). **Ethnoecology of the Yucatec maya: Symbolism, knowledge and management of natural resources.** Journal of Latin American Geography.

Begossi, A., (1993). **Ecologia humana: um enfoque das relações homem-ambiente**. Interciência Caracas, v.18, n.3, p.121-132.

Bezerra, D. M. M. S. Q.; Araújo, H. F. P., & Alves, R. R. N., (2011). **The use of wild birds by rural communities in the semi-arid region of Rio Grande do Norte State, Brazil.** *Bioremediation, Biodiversity and Bioavailability* 5: 117–120.

BirdLife International., (2010) - **Birds on the IUCN Red List.** www.birdlife.org. (acesso em 15/02/ 2011).

Brodrick, A. H., (1972). **Animals in Archeology.** Barrie e Jenkins, London.

Calhau, L. B., (2004). **Da necessidade de um tipo penal específico para o tráfico de animais: razoabilidade da política criminal em defesa da fauna.** In: Congresso Internacional de direito ambiental, São Paulo: Editora.

Casotti, B., & Vieira, M., (1991). **Rei dos animais.** Revista de Domingo. Jornal do Brasil, n° 780, 14 – 20 p.

Carvalho, J. C. M., (1951). **Relações entre os índios do alto Xingu e a fauna regional.** Publicações Avulsas do Museu Nacional, Rio de Janeiro, p.40.

Cascudo, L. C., (1973). **Civilização e cultura: pesquisas e notas de etnografia geral.** José Olimpio, Rio de Janeiro, p. 766.

CBRO [Comitê brasileiro de registros ornitológicos]. (2010). **Lista das aves do Brasil.** Versão 18/10/2010. www.cbro.org.br (acesso em 04/12/2010).

Crawford, R. D., (2003). **Origin and history of poultry species.** In: Crawford, R. D. **Poultry breeding and genetics.** Elsevier, Cap.1. p.1-42.

Diegues, A. C., & Arruda, R. S. V., (2001). **Saberes tradicionais e biodiversidade no Brasil,** Brasília: Ministério do Meio Ambiente; São Paulo: USP.

Forero-Medina, G., & Vieira, M. V., (2007). **Conectividade funcional e a importância da interação organismo-paisagem.** Oecologia Brasiliensis, v. 11, n. 4, p.493-502.

Ferreira, C. M., & Glock, L., (2004). **Diagnóstico preliminar sobre a avifauna traficada no Rio Grande do Sul, Brasil.** *Biociências* 12: 21–30.

Hangenbeck, C., (1910). **Animales y Hombres.** Hamburgo-Stellingen, p. 483.

Harris, G. M.; & Pimm, S. L., (2004). **Bird species tolerance of secondary forest habitats and its effects on extinction.** Conserv. Biol., Malden, v. 18, p. 1607-1616.

Hayes, F. E., (1995). Status**, distribution and biogeography of the birds of Paraguay.** Loma Linda: Loma Linda University.

IBGE **[Estimativas de população. Instituto Brasileiro de Geografia e Estatística].** http://www.ibge.gov.br. (acesso em 15/02/2010).

Jupiara, A., & Anderson, C., (1991). **Rio é o centro internacional de traficantes de animais.** O Globo, 21 de julho, Rio de Janeiro.

Lopes, J. C. A., (2003). **Operações de fiscalização da fauna: análise, procedimentos e resultados.** In: RENCTAS. Animais silvestres: vida à venda. 2ª edição. Brasília: Dupligráfica, Cap. 2, p. 15-50.

Mazoyer, M. & Roudart, L., (2001). **História das agriculturas do mundo: do neolítico à crise contemporânea.** Lisboa: Instituto Piaget.

Martin, P. S., (1971). **Prehistoric overkill.** pp.612-624. In: Detwyler, T.R. [Ed.]. **Man's Impact on Environment.** McGraw-Hill, New York, USA.

Moura, L. N., Vielliard, J., & Silva, M. L., (2008). **Flutuação populacional e comportamento reprodutivo do Papagaio-do-mangue** *Amazona amazonica.* In: Jaime Martinez e Nêmora Prestes (Org.). **Biologia da Conservação: estudo de caso com o Papagaio-charão e outros papagaios brasileiros** (pp. 223-238). Passo Fundo: Ed. Universidade de Passo Fundo.

Nogueira-Neto, P., (1973). **A criação de animais indígenas vertebrados.** Edições Tecnapis, São Paulo, p. 327.

O'dea, N., & Whittaker, R. J., (2007). **How resilient are Andean montane forest bird communities to habitat degradation?** Biodiversity Conservation, 16: 1131-1159.

Ojasti, J., (2000). **Manejo de fauna silvestre neotropical.** F. Dallmeier (ed.). SIMAB Series No. 5 Smithsonian Institution/ MAB Program, Washington, D.C. 290 pp.

Oren, D. C., (2001). **Biogeografia e conservação de aves na região Amazônica.** in: J.P.r. Capobianco, A. Veríssimo, A. moreira, D. Sawyer, i. Santos & L.P. Pinto (eds). **Biodiversidade na Amazônia brasileira: avaliação e ações prioritárias para a conservação, uso sustentável e repartição de benefícios.** pp 97-109. Estação Liberdade e instituto Socioambiental, São Paulo, Brasil.

Pattiselanno, F., (2004). **Wildlife Utilization and Food Security in West Papua, Indonesia**. SEARCA, Agriculture and Development Seminar Series.

Polido A. P., & Oliveira A. M. M., (1997). **O comércio ilegal de animais silvestres no Brasil.** São Paulo, Brazil: Faculdades Integradas São Camilo.

Pontes, J. B., (2003). **O tráfico internacional de animais silvestres.** In: RENCTAS. Animais silvestres: vida à venda. 2ª edição. Brasília: Dupligráfica. Cap. 7, p. 173-191.

Price, E. O., (2002). **General Aspects**. In: Price, E. O. **Animal domestication and behavior**. CAB International, Cap.1. p.1-29.

Primack R. B., & Rodrigues E., (2001). **Biologia da conservação.** Londrina – Paraná: Midiograf.

Pulliam, H. R., & Dunford, C., (1980). **Programmed to Learn**. Columbia Univ. Press, New York.

Redford, K. H., (1992). **The empty forest**. BioScience 42 (6): 412-422.

RENCTAS [**Rede Nacional de Combate ao Tráfico de Animais Silvestres**] (2009). www.renctas.org.br. (acesso em 18/08/ 2012).

Ribeiro, L. B., & Silva, M. G., (2007). **O comércio ilegal põe em risco a diversidade das aves no Brasil.** *Cienc. Cult.*

44

Robinson, J. G., & Redford, K. H., (1991). **O uso e conservação da vida silvestre.** Pp.: 3-5 in J. G. Robinson & K. H. Redford. **Vida Silvestre Neotropital: Uso e conservação.** The University of Chicago Press, Chicago and London. 520p.

Rocha, M. S. P.; Cavalcanti, P. C. M.; Sousa, R. L., & Alves, R. R. N., (2006). **Aspectos da comercialização ilegal de aves nas feiras de Campinas Grande, Paraíba, Brasil.** Revista de Biologia e Ciências da Terra. 6 (2): 1 – 18.

Santos, E., (1990). **Da ema ao beija-flor.** 5ª. ed., Villa Rica, Belo Horizonte, p. 396.

Saunders, D. A.; Hobbs, R. J.; & Margules, C. R., (1991). **Biological consequences of ecosystem fragmentation:** a review. Conserv. Biol. 5:18-32.

Sick, H., (1997). **Ornitologia brasileira.** Rio de janeiro: Nova Fronteira.

Sick, H., & Teixeira, D. M., (1979). **Notas sobre aves brasileiras raras ou ameaçadas de extinção.** Publ. Avuls.Mus.Nac. 62:1-39.

Souza, G. M., & Soares Filho, A. O., (2005). **O comercio Ilegal de Aves Silvestres na região de Paraguaçu e Sudoeste da Bahia.** Enciclopédia Biosfera, N.01, 10p.

Spix, J. B., & Martius, K. F. P., (1981). **Viagem pelo Brasil.** Itatiaia, 3 v.; Belo Horizonte.

Stouffer, P. C., & Bierregaard Jr., R. O., (1995). **Effects of forest fragmentation on understory humming birds in Amazonian Brazil.** Conservation Biology, 9: 1085-1094.

Turner, I. M., (1996). **Species loss in fragments of tropical rain forest: a review of the evidence.** *J. Appl. Ecol.* 33:200-209.

Vannucci - Neto, R., (2000). **Aves Silvestres em Cativeiro: Considerações Gerais.** In: Rocha, *et al.*, (2006) **Aspectos da comercialização ilegal de aves nas feiras livres de Campina Grande, Paraíba, Brasil.** Revista de Biologia e Ciências da Terra. 6. 204 – 22.

Verdade, L. M. A., (2004). **A exploração da fauna silvestre no Brasil: Jacarés, sistemas e recursos humanos.** Biota Neotropica.

Wanjtal, A., & Silveira, L. F., (2000). **A soltura de aves contribui para a sua conservação?** Atualidades Ornitológicas, 98(1):7-9.

Willis, E. O., & Oniki, Y., (1978). **Birds and army ants.** Annual Review of Ecology and Systematics, 9: 243-263.

Willis, E. O., (1979). **The composition of avian communities in remanescent woodlots in southern Brazil.** Pap. Avulsos Zool. 33: 1-25.

Wolff, S., (2009). **Legislação ambiental brasileira: grau de adequação à Conservação sobre a diversidade biológica.** Brasília: MMA.

Young, A. G.; Boshier, D., & Boyle, T. J. T., (2000). **Forest conservation genetics: principles and practice.** CSIRO Publish. p.352.

Zago C. D., (2008). **Animais da fauna silvestre mantidos como animais de estimação**. Universidade Federal de Santa Maria, RS.

Zapata, G., (2001). **Sustentabilidad de la cacería de subsistencia: El caso d cuatro comunidades Quichuas en la Amazonia Nororienta Ecuatoriana**. Mastozoología Neotropical.